Bibliografische Information der Deutschen Nationalbibliothek:

Die Deutsche Bibliothek verzeichnet diese Publikation in der Deutschen National-
bibliografie; detaillierte bibliografische Daten sind im Internet über http://dnb.d-
nb.de/ abrufbar.

Impressum:

Copyright © 2007 GRIN Verlag, Open Publishing GmbH
Druck und Bindung: Books on Demand GmbH, Norderstedt Germany
ISBN: 9783640550630

Dieses Buch bei GRIN:

http://www.grin.com/de/e-book/143529/ph-wert-im-boden-und-bodenaciditaet

Benedikt Breitenbach

PH-Wert im Boden und Bodenacidität

GRIN Verlag

Johannes-Gutenberg Universität Mainz
Geographisches Institut
Geoökologische Arbeitsmethoden

Wintersemester 2006/07

Abgegeben von: Benedikt Breitenbach

Bestimmung des pH-Wertes im Boden,

Bedeutung des pH-Wertes für den Boden

und

Bodenacidität

<u>**Inhaltsverzeichnis**</u>

1. Einleitung

Diese Hausarbeit befasst sich mit der Bestimmung und Messung des pH-Wertes, so wie dessen Bedeutung für den Boden, bzw. für die Bodenbildende Prozesse. Im Folgenden werden die Prozesse der Versauerung, bezüglich der Bedeutung und Folgen dargestellt und erläutert.

2. Definition des pH-Wertes

Der pH-Wert ist definiert als der negative dekadische Logarithmus der H_3O^+-Ionenkonzentration. Dieser Wert ist ein Maß für die Konzentration an H_3O^+-Ionen in einer wässrigen Lösung.

$$pH \; = \; - \log [H_3O^+]$$

Das *p* steht für potentia und das *H* für das chemische Symbol des Wasserstoff. Das *pH* bedeutet übersetzt, Protenz der Wasserstoffionen Konzentration. Ist der pH-Wert kleiner als 7, entspricht es einer sauren Lösung. Bei einem pH-Wert von 7 ist die Lösung neutral. Wenn die Lösung einen Wert größer als 7 hat, ist diese alkalisch. Der pH-Wert wird in dem Bereich von 0-14 angegeben.

In reinem Wasser befindet sich immer die gleiche Konzentration an H_3O^+-Ionen und OH^- Ionen von 10^{-7} mol/l.

$$H_2O + H_2O \leftrightarrow H_3O^+ + OH^-$$

Wasser hat einen pH-Wert von 7, wenn man nun die oben genannte Gleichung verwendet:

$$pH \; = \; - \log [H_3O^+]$$

$$pH = -\log (H_3O^+) = -\log (10^{-7}) = 7$$

Man kann für alle Säuren und Laugen einen pH-Wert und einen pOH-Wert berechnen. Die Summe der beiden Werte ergibt immer 14.

pH + pOH = 14

Beträgt die Konzentration von H_3O^+-Ionen in einer Lösung 10^{-3} mol/l, rechnet man um den pH-Wert zu bestimmen:

$$pH = -\log (H_3O^+) = -\log (10^{-3}) = 3$$

Beträgt die Konzentration von H_3O^+-Ionen in einer Lösung 10^{-13} mol/l, rechnet man um den pH-Wert zu bestimmen:

$$pH = -\log (H_3O^+) = -\log (10^{-13}) = 13$$

Die Angabe des pH-Wertes spielt bei der Einschätzung des Bodens und des Pflanzenstandortes bezüglich der Beurteilung physikalischer, chemischer und biologischer Prozesse eine entscheidende Rolle.
(WOHLHAUPTER 2005), (SCHALLER 1988: 208)

3. Messung des pH-Wertes

Zur Messung des pH-Wertes sind verschiedene Methoden entwickelt worden. Man kann dies zu einem mit einem Indikator machen oder mit einem pH-Meter.

Bei den Indikatoren handelt es sich um Farbstoffe, die in Abhängigkeit vom vorliegenden pH-Wert ihre Farbe ändern. Das bekannteste Beispiel ist der Pflanzenfarbstoff Lackmus, der im sauren Bereich rot und im basischen Bereich blau ist.

Die pH-Indikatoren können als Flüssigkeiten einer Lösung zugesetzt werden, oder man taucht mit dem Indikator imprägnierte Papiere oder Teststäbchen in die Flüssigkeit. Die Farbänderung des Indikators wird mit einer vorgegebenen Vergleichsskala verglichen. Es gibt Universalindikator-Papiere, die den pH-Bereich von 0 bis 14 abdecken und Spezialpapiere, die einen engeren Bereich mit einer höheren Ablesegenauigkeit abdecken. Wegen der Subjektivität des Farbeindruckes sind Indikatorpapiere nur mäßig genau. Jedoch werden diese wegen ihrer leichten Handhabung als Schnelltests geschätzt.

Flüssige pH-Indikatoren werden überwiegend eingesetzt, um den Endpunkt einer Säure-Base-Titration festzustellen. Da auch hier subjektive Farbwahrnehmungen eine Rolle spielen, werden heute viele Titrationen mit einer potentiometrischen Endpunktbestimmung durchgeführt.

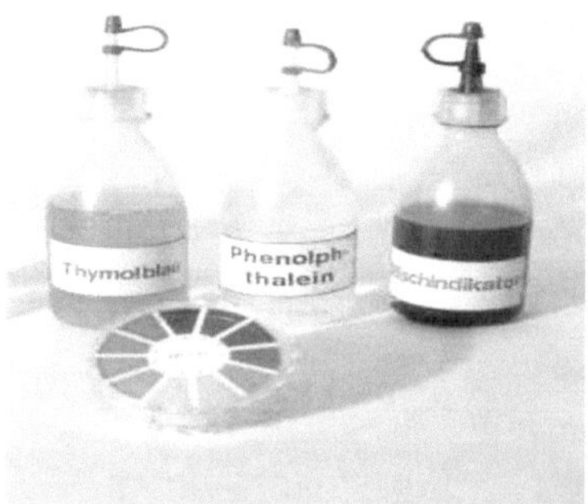

Abb.1: Indikatoren

Das Kernelement des pH-Meters ist ein hochpräzises Voltmeter, mit dem die Spannungsdifferenz zwischen Mess- und Bezugselektrode ermittelt wird. Ein Prozessor im Gerät berechnet aus der Spannungsdifferenz anhand der Nernst'schen Gleichung den pH-Wert. Die Nernst-Gleichung beschreibt den Zusammenhang zwischen der Aktivität eines Stoffes in einer Lösung und dem elektrischen Potential.

Bevor man das pH-Meter benutzen kann, wird dieses kalibriert, um die Abweichung realer Messketten vom Idealverhalten zu kompensieren. Dazu werden Standardlösungen mit bekannten pH-Werten verwendet. Der Nullpunkt der Elektroden liegt bei einem pH-Wert von 7,00. Die Steilheit der aktuellen Elektrode wird meistens anhand zweier weitere Pufferlösungen bestimmt und vom Messgerät für die anschließende Versuchsauswertung übernommen. In der Regel verwendet man Pufferlösungen mit einem pH-Wert von 4 und 7. Bestenfalls liegen die pH-Werte der beiden Pufferlösungen knapp oberhalb und unterhalb des erwarteten pH-Wertes der Probe.

Bei der Kalibrierung wird die pH-Messkette in einen Puffer eingetaucht. Das Messgerät erkennt den Puffer entweder automatisch oder der pH-Wert der Pufferlösung muss manuell eingegeben werden. Aus den gemessenen Spannungen errechnet das Gerät die Nullpunktsspannung bei pH = 7,00.

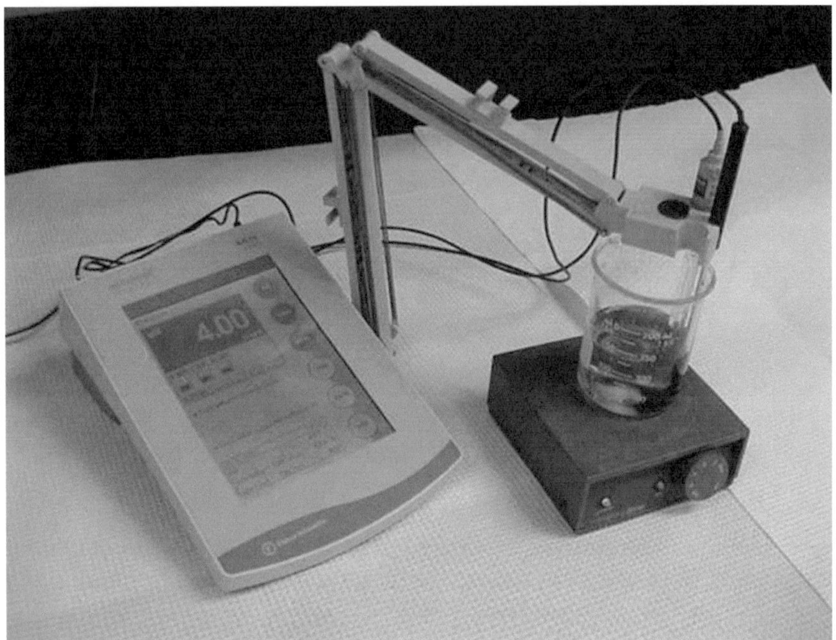

Abb. 2: pH-Meter

Quelle: SARTORIUS o. J.; GASTEIGER 2001

4. Bodenacidität

Die Bodenacidität beeinflusst eine große Anzahl von Bodeneigenschaften, wie zum Beispiel die Nährstoffverfügbarkeit oder das Pflanzenwachstum. Unter humiden Klimabedingungen gibt es eine natürliche Tendenz zur Versauerung der Böden. Diese werden durch die Auswirkungen der landwirtschaftlichen (physiologisch saurer Dünger) und industriellen Tätigkeit (Emissionen von Oxiden) noch verstärkt. In Trockengebieten sind häufig alkalische Böden anzutreffen.

In den mitteleuropäischen Böden schwankt der aktuelle pH-Wert zwischen 3 und 8. Jedoch sind die Böden größtenteils schwach sauer (pH 5,0 bis 6,5). Diese Bodenacidität resultiert aus verschiedenen H^+-Ionen produzierenden Prozessen. (HELLBERG-RODE 2005)

Der Grad der Bodenacidität ist insbesondere abhängig vom Eintrag von Säuren. Dieser Säureeintrag ist auf eine Vielzahl an Einzelprozessen zurückzuführen, die mit je unterschiedlichen Intensitäten an der Veränderung des pH-Wertes des Bodens beteiligt sind. Im Folgenden werden die wichtigsten Prozesse im kurzen genannt:

4.1 Bodeneigene CO_2–Produktion

Durch Atmungsprozesse von Bodentieren, Mikroorganismen und Pflanzenwurzeln produziert der Boden Kohlenstoffdioxid, das in der Bodenlösung mit Wassermolekülen reagiert. Hierbei entsteht Kohlensäure (H_2CO_3), die dissoziieren kann und dabei H^+-Ionen freisetzt.

$$CO_2 + H_2O \rightarrow HCO_3^- + H^+$$
$$HCO_3^- \rightarrow CO_3^{2-} + H^+$$

(HELLBERG-RODE 2005)

4.2 Saurer Niederschlag

Der saure Niederschlag ist ein externer Säurelieferant mit jährlich 0,8 bis 3 kmol/ha. Regenwasser hätte aufgrund des atmosphärischen Kohlendioxidgehalts und der in der Luft enthaltenen Spurenstoffe einen pH-Wert von etwa 4,6 bis 5,6 in Mitteleuropa Jedoch liegt der pH-Wert des Regenwassers der Bundesrepublik Deutschland im Mittel bei etwa 4,0 bis 4,6. Die Übersäuerung des Regenwassers ist auf den Gehalt von Schwefel- und Salpetersäure zurückzuführen. Diese Säuren bilden sich in der Atmosphäre als Folgen der Schwefeldioxid- und Stickoxidbelastungen. Mit dem Niederschlag steigt Bodenacidität, weil die hohe Protonenkonzentration nicht mehr kompensiert werden kann.
(o. N. 1999)

4.3 Humifizierung

Humifizierung ist die Synthese von Humussubstanzen im Boden. Der Zersetzungsprozess erfolgt unter Mitwirkung der Bodenorganismen. Die hierbei entstehenden Fulvosäuren und Huminsäuren können den pH-Wert noch stärker senken.

4.4 Mineralisierung

Der Prozess der Mineralisierung beschreibt den Abbau organischer Verbindungen durch Mikroorganismen zu anorganischen Stoffen (CO_2 und H_2O). Die organische Substanz enthält allerdings eine Vielzahl an Nichtmetallatomen, vor allem Stickstoff (N), Schwefel (S) und Phosphor (P). Diese können im Verlauf dieses Prozesses zu starken Mineralsäuren umgewandelt werden.

Stickstoff hat bezüglich der höchsten umgesetzten Menge die größte Bedeutung. Er wird in NH_3 überführt und dann durch Anlagerung von Protonen in Ammoniumionen (NH_4^+) umgewandelt.

Schließlich können weitere Oxidationen durch verschiedene Organismen stattfinden:

$$2\ NH_4^+ + 3\ O_2 -- 2\ NO_2^- + 4H^+ + 2\ H_2O$$

$$2\ NO_2^- + O_2 -- 2\ NO_3^-$$

Dieser Prozess wird als Nitrifikation bezeichnet. Im ersten Schritt der Nitrifikation werden H^+-Ionen freigesetzt und aufgrund dieses Prozesses wird der pH-Wert herabgesetzt. Wird die Nitrifikation aber verhindert, erfolgt die Mineralisierung nur bis zum NH_3. Durch die Protonenaufnahme erfolgt eine Erhöhung des pH-Wertes.

Die Mineralisierung ist von großer Bedeutung für die Freisetzung von Nährstoffen beim Um- und Abbau im Boden befindlicher organischer Stoffe und für die Rückführung in den Nährstoffkreislauf. Die Mineralisierungsrate ist von den Bodenorganismen, der Temperatur, dem pH-Wert und der zur Verfügung stehenden organischen Masse abhängig.
(WASKOW 2001)

5. Pufferreaktion

H^+-Ionen die in den Boden gelangen oder auch wenn sie dort gebildet werden, wirken sauer. An diesem Punkt kommt allerdings die so genannte Pufferung dazu. Pufferreaktionen fangen die H^+-Ionen ab. Das heißt, dass die sauer wirkenden H^+-Ionen durch chemische Reaktionen umgewandelt werden. Ihre saure Wirkung wird dadurch genommen. Der pH-Wert des Bodens ändert sich dann nicht wesentlich. Pufferreaktionen sind, genau wie die Säure - Base Reaktionen, Gleichgewichtsreaktionen und laufen daher in beide Richtungen ab.

Beispiel für eine Pufferreaktion:

$$NaOH + H_3O^+ \;--\; Na^+ + 2\,H_2O$$

Das Natriumhydroxid reagiert als Base mit dem, als Säure fungierenden H_3O^+, zu Na+ und zweimal Wasser. Die Säure wird gepuffert. Natürlich läuft auch diese Reaktion in beide Richtungen gleichzeitig ab.

In Böden gibt es bestimmte Substanzen, die für die Pufferung verantwortlich sind. Das sind die Carbonate, die Silikate, die Fe-, Al- und Mn-Oxide. Dabei puffern die stärkeren Basen die H^+-Ionen schon bei relativ hohem pH-Wert, das heißt im alkalischen Bereich, und die schwächeren Basen puffern erst bei niedrigem pH-Wert, also im sauren Bereich. Die Pufferreaktionen im Boden laufen je nach Puffersubstanz in jeweils bevorzugten pH Bereichen ab. In kalkhaltigen Böden zum Beispiel ist Kohlensäure die wichtigste Säurequelle. Sie entsteht durch das Lösen des Kalkes in Wasser. In diesen Böden wird im Carbonatpufferbereich durch Carbonatauflösung gepuffert. Wichtig ist allerdings, wenn durch bestimmte Prozesse, zum Beispiel Auswaschung, eines der Reaktionsprodukte entfernt wird, ist die Gleichgewichtsreaktion nicht mehr möglich. Der Schaden ist dann irreversibel.

An den Pufferreaktionen im Boden sind Säuren mit unterschiedlichen Stärken beteiligt. Die Säurestärke wird als Ks-Wert oder als pKs-Wert angegeben. Bei verschiedenen pH Bereichen ist mit unterschiedlichen Pufferreaktionen zurechen. (FÖLL-MAYER 1997)

6. Bedeutung des pH-Wertes für den Boden

Auf der Grafik erkennt man, dass die chemische Verwitterung, die Mineralneubildung, die Zersetzung, die Humifizierung, die biotische Aktivität und die Gefügebildung, also die gesamten Bodenbildungsprozesse, vom pH-Wert abhängig sind.

Die Bodenreaktion wirkt sich auf zahlreiche pedogenetisch Prozesse der Bodenentstehung und der Bodenentwicklung aus. Eine hohe Bodenacidität beschleunigt sichtbar die chemische Verwitterung. Ebenso werden auch die ökologischen Prozesse deutlich beeinflusst. Denn aufgrund von Säure- und Basenempfindlichkeit vieler Mikroorganismen, haben diese ihr biotisches Aktivitätsoptimum im schwach sauren bis leicht alkalischen Bereich.
(GRÖNE o. J.)

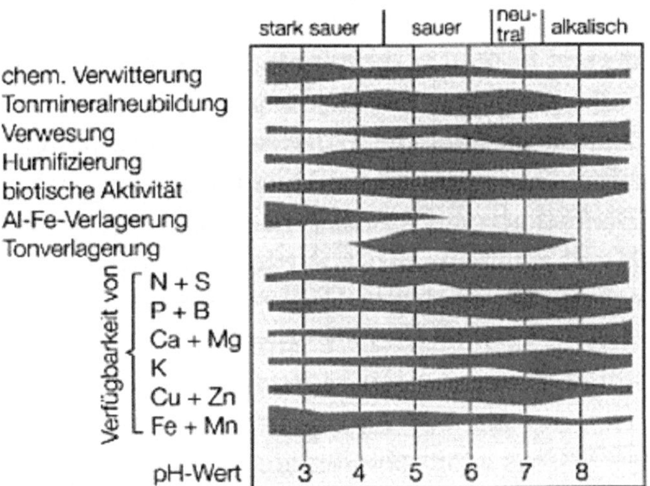

Abb. 3: Bedeutung des pH-Wertes

7. Fazit

Die Versauerung unserer Böden ist in erster Hinsicht ein natürlicher Prozess. Jedoch wird dieser Versauerungsprozess auch durch den menschlichen Einfluss zunehmend verstärkt. Bodenversauerung ist in der Öffentlichkeit ein wenig beachtetes Problem und erhält im Vergleich zu anderen Bodengefährdungen wenig Aufmerksamkeit. Jedoch hat die Europäische Union schon jetzt rechtzeitig reagiert, und versucht mit dem „Critical Loads" Programm die Emissionen zu senken. Deutschland hat mit „der Verordnung zur Verminderung gegen Sommersmog, Versauerung und Nährstoffeinträgen" bereits reagiert, und ist nachweislich auf einem gutem Weg.

Literaturverzeichnis

FÖLL-MAYER, R. (1997): Landesanstalt für Umwelt, Messung und Naturschutz.
Bodenversauerung. Internet: http://www.xfaweb.baden-
wuerttemberg.de/bofaweb/berichte/tbb03b/tbb03b0035.html (1.11.2006).

GASTEIGER, J. (2001): Messung von pH-Werten. Internet:
http://www2.chemie.uni-erlangen.de/projects/vsc/chemie-mediziner-
neu/saeuren/ph_messung.html (31.10.2006).

GRÖNE, L. (o. J.): Bodenweb. Boden hat verschiedene Eigenschaften. Internet:
http://gidw-os.nibis.de/Bodenweb/eigensch/ph.htm (2.11.2006).

HELLBERG-RODE, G. (2005): Projekt Hypersoil. Bodeneigenschaften.
Bodenreaktion. Internet: http://hypersoil.uni-muenster.de/0/05/p/p11.htm
(1.11.2006).

o. N. (1999): Umweltbundesamt. Saure Niederschläge. Internet:
http://www.umweltbundesamt.de/uba-info-daten/daten/saure-
niederschlaege.htm (31.10.2006).

SARTORIUS (o. J.): Handbuch der Elektroanalytik. Die pH-Messung. Internet:
http://pdf.sartoserver.de/Prospekt/deutsch/ElektroAnalytik_Handbuch_Teil_2.p
df (1.11.2006).

SCHALLER, K (1988): Praktikum zur Bodenkunde und Pflanzenernährung.
Darmstadt.

WASKOW, F. (2001). Umweltlexikon-Online. Mineralisierung. Internet:
http://www.umweltlexikon-
online.de/fp/archiv/RUBsonstiges/Mineralisierung.php (1.11.2006).

WOHLHAUPTER, T. (2005): Tonchemie. pH-Wert. Internet:
http://www.tomchemie.de/ph_Wert.htm (31.10.2006).

<u>**Abbildungsverzeichnis**</u>

Abbildung 1: http://www2.chemie.uni-erlangen.de/projects/vsc/chemie-mediziner-
neu/saeuren/ph_messung.html (31.10.2006).

Abbildung 2:http://www.engr.uga.edu/service/outreach/images/Pictures%20and%20
Logos/Accumet%20pH%20meter.JPG (1.11.2006).

Abbildung 3: http://www.gidw-os.nibis.de/Bodenweb/eigensch/phwert1.gif
(30.10.2006).